Bruno P. Kremer

Bäume

KOSMOS

Zu diesem Buch

Im Gegensatz zu den Kräutern mit ihren kurzlebigen, dünnen und wenig knickfesten Stengeln sind die Gehölze sozusagen die weitaus stabilere Version einer Landpflanze. Bei ihnen sind Stämme, Äste und Zweige durchweg massiv verholzt und daher besonders fest und dauerhaft. Das Baumaterial, die Holzsubstanz Lignin, ist ein geradezu phantastischer Naturstoff. Er übertrifft nämlich alle Errungenschaften der Plastikchemie an Elastizität und Belastbarkeit bei weitem und, sicher noch viel entscheidender, läßt sich völlig problemlos entsorgen.

Zwerge und Riesen
Gehölze gibt es in der Natur als streichholzkurzen Zwergstrauch ebenso wie als Riesenbaum, der so hoch hinauswächst wie ein Fußballplatz lang ist. Wichtig für die Unterscheidung von Strauch und Baum ist aber nicht die Größe, sondern allein die Gestalt. Ein Baum gliedert sich immer deutlich in Stamm und verästelte Krone. Beim Strauch sitzt die reich verzweigte Krone sozusagen unmittelbar auf dem Boden und erscheint damit mehrstämmig. Einen klar entwickelten Hauptstamm wird man beim Strauch nicht finden. Manche heimischen Holzpflanzen, wie die Kornelkirsche oder der Schwarze Holunder, können sowohl in Strauchgestalt als auch baumförmig wachsen. Kleine Bäume wie der Spindelbaum können andererseits viel schmächtiger sein als üppige Sträucher wie der Hasel. Die Wuchsform macht den Unterschied.

Beliebt und bemerkenswert
Bäume beherrschen fast alle unsere Landschaften. Ohne Wälder und Flurgehölze wäre die Natur- und Kulturlandschaft schlicht langweilig. Im Siedlungsraum ist es ebenso: Erst durch Bäume werden Straßen, Plätze, Höfe und Anlagen sympathisch. Dabei sind Bäume viel mehr als grüne Zierde. Sie spenden Schatten, verbessern die Luft, schlucken Staub und Lärm, beleben unsere Umwelt und erfreuen uns oft genug auch mit leckeren Früchten oder anderen Wohltaten. Es lohnt sich also, über Bäume besser Bescheid zu wissen.
Dieses Buch behandelt nur Bäume – neben den einheimischen (mitteleuropäischen), waldbildenden Arten auch solche aus anderen Gebieten (vor allem Ostasien und Nordamerika), die man häufig in Parkanlagen, an Straßen oder auf Friedhöfen sieht. Gäbe es diese eingeführten oder zum Teil schon eingebürgerten Ge-

hölzarten nicht, fiele das Bild der Gehölzflora in unserer Wohn- und Arbeitsumgebung ganz beträchtlich eintöniger aus. Rund 80 Baumarten kann man mit diesem Buch leicht und sicher bestimmen. In Wald und Flur sind damit alle Bestimmungsprobleme zu bewältigen, in Park und Garten doch zumindest die allermeisten.

Bäume einfach kennenlernen

Vier farbige Randleisten teilen die behandelten Bäume in ebensoviele Gruppen ein. Zwei dieser Gruppen bilden die Bäume mit flächigen Laubblättern: Diese Blätter können einfach sein wie bei der Buche (Farbe gelb) oder zusammengesetzt wie beim Holunder (Farbe rot).
Die übrigen beiden Farben sind für die Nacktsamer vorgesehen. Ihre Blätter, im Vergleich zu Laubblättern wesentlich einfacher, sind entweder nadelförmig wie bei der Fichte (Farbe hellgrün) oder schuppenförmig wie beim Lebensbaum (Farbe dunkelgrün). Innerhalb jeder Kennfarbe sind die einzelnen Baumarten alphabetisch nach ihren Gattungsnamen (Birke, Buche, Eiche, Linde usw.) sortiert.

Bäume erleben und verstehen

Bäume erkennt man am besten an ihren Blättern. Deshalb stehen diese wichtigen Organe auch ganz im Vordergrund. Blüten sind an den Bäumen nicht immer und oft auch nicht genau genug zu sehen. Sie spielen in den Artbeschreibungen daher eine untergeordnete Rolle. Äußerst interessant sind dagegen wieder die Früchte, die man eventuell sammeln und verwerten kann. Und dann gibt es über das Alter, die Lebensumstände oder die Nutzbarkeit der Bäume noch manch Interessantes zu berichten. Solche Besonderheiten hält der Abschnitt „Wissenswertes" bereit. Wollen Sie verschiedene Blattypen und -formen auf einen Blick sehen, schlagen Sie einfach die hintere Klappe auf. Hier finden Sie die verschiedensten Blätter mit Beispielen aus dem Buch. Sind Sie interessiert an den Früchten, schauen Sie in der vorderen Klappe nach. Dort sind vielerlei Fruchttypen – ebenfalls mit Beispielen aus dem Buch – dargestellt. Darüber hinaus ist auf der hinteren Umschlagklappe ein Farbschlüssel abgebildet, der Ihnen bei der Orientierung innerhalb des Naturführers hilft. Die vordere Klappe zeigt Ihnen die beeindruckende Leistung eines einzigen Baumes.
Bäume sind wundersame Lebewesen, denen wir Menschen viel Praktisches, Nützliches oder Angenehmes verdanken. Wären sie nicht manchmal so groß und eindrucksvoll, könnte man sie glatt umarmen.

Berg-Ahorn

Acer pseudoplatanus

Typisch: Die Flügelfrüchte (rechts Mitte) schließen untereinander ungefähr einen rechten Winkel ein. Blätter immer fünflappig, zugespitzt, stumpf gesägt.
Kennzeichen: Sommergrüner Baum mit oft sehr breiter, gewölbter Krone (rechts unten), bis etwa 30 m hoch.
Vorkommen: Laub- und Mischwälder, in den Alpen fast bis zur Baumgrenze bei 1700 m, sonst häufig als Park- oder Straßenbaum gepflanzt.
Wissenswertes: Bei allen Ahorn-Arten arbeiten die Flügelfrüchte als Schraubenflieger: Sobald der Herbstwind sie aus dem Fruchtstand löst, sinken sie etwa 30 cm im freien Fall, beginnen dann jedoch mit raschen Drehbewegungen, die ihre Sinkgeschwindigkeit deutlich verringern. Die Hälfte aller Früchte

dreht sich rechts (im Uhrzeigersinn), die andere links herum. Während des verlangsamten Sinkfluges kann der Wind seitlich angreifen und die Frucht weit vom Baum weg tragen. Die Keimung erfolgt erst im nächsten Früh-

jahr nach winterlicher Kälteeinwirkung. Die beiden Keimblätter sind sehr schmal und ganzrandig. Sie zeigen oft noch die Knitterstellen von der engen Packlage in der Flügelfrucht. Erst die beiden Folgeblätter haben eine gewisse Ähnlichkeit mit der arttypischen Belaubung. Der Berg-Ahorn kann über 500 Jahre alt werden. Die Rinde (ganz oben) alter Bäume besiedeln sehr gerne Moose und Flechten. Das Holz verwendet man z. B. für Gitarren und Geigen.

Feld-Ahorn

Acer campestre

Typisch: Die Flügelfrüchte sitzen paarweise in gerader Linie gegenüber. Blätter drei- bis fünflappig, an den Ecken abgerundet.
Kennzeichen: Sommergrüner Strauch oder kleiner Baum, 8 – 10 m hoch, meist breitkronig.
Vorkommen: Laubwälder, Waldränder, Flurgehölze.
Wissenswertes: Feld-Ahorn, in manchen Gegenden auch Maßholder genannt, hat ein sehr schön gemasertes Holz, das aber nur wenig in der Schnitzerei verwendet wird. Der kleine Baum ist in der offenen Landschaft ein wichtiges Gehölz, das sowohl Feldtieren Deckung bietet als auch von Vögeln gerne als Nistplatz angenommen wird. Nach Rückschnitt kräftiger Stockausschlag, wird etwa 100 Jahre alt, wächst rasch.

Silber-Ahorn

Acer saccharinum

Typisch: Die beiden Flügelfrüchte bilden zusammen einen Hufeisenbogen. Blätter fünflappig mit kurzen Spitzen, auf der Unterseite silbrigweiß behaart.
Kennzeichen: Sommergrüner Baum, bis über 25 m hoch.
Vorkommen: Nur angepflanzt in Grünanlagen.
Wissenswertes: Der raschwüchsige Silber-Ahorn, mit seiner schönen Kronenentwicklung, stammt aus Nordamerika und wird als Zierbaum angepflanzt. Im Frühjahr ist der Saft, der kurz vor der Blattentfaltung in die Triebe steigt, stark zuckerhaltig. Die Indianer Nordamerikas verwendeten den Silber-Ahorn, ebenso wie den Wappenbaum Kanadas, den verwandten Zucker-Ahorn, zur Zuckergewinnung.

Spitz-Ahorn

Acer platanoides

Typisch: Die paarigen Flügelfrüchte schließen einen stumpfen Winkel ein. Blätter fünf- bis siebenlappig mit langen, schlanken Spitzen.
Kennzeichen: Sommergrüner Baum, bis über 25 m hoch, mit kurzem Stamm, aber sehr schöner Krone.
Vorkommen: Schlucht- und Auenwälder, häufig auch in Alleen oder Parkanlagen.
Wissenswertes: Der Spitz-Ahorn blüht sehr üppig, lange vor dem Laubaustrieb, meist schon in der zweiten Märzhälfte. Die zahlreichen gelblichgrünen Blüten sind sehr nektarreich und werden deshalb gerne von Bienen und anderen Insekten besucht. Im Laufe des Sommers können auf den Blättern tintenschwarze Flecken auftreten – sie werden durch Pilzbefall verursacht.

Fächer-Ahorn

Acer palmatum

Typisch: Die beiden Flügelfrüchte bilden einen stumpfen Winkel. Blätter fünf- bis siebenlappig, bis über die Mitte eingeschnitten.
Kennzeichen: Kleiner sommergrüner Baum, 6 – 12 m hoch.
Vorkommen: Ursprünglich in Ost- und Südostasien. Als Ziergehölz angepflanzt.
Wissenswertes: Fast alle Formen dieser Ahorn-Art fallen durch ihr leuchtend rotes Herbstlaub auf und sind deshalb auch in Gärten als Ziergehölze sehr beliebt. Der frostempfindliche Fächer-Ahorn ist in Japan beheimatet. Er braucht nährstoffreichen Boden, und man pflanzt ihn in zahlreichen Varietäten mit unterschiedlicher Blattgestalt an. Alle Ahorn-Arten haben gegenständige Blätter mit langen Stielen.

Apfelbaum, Kultur-Apfel

Malus domestica

Typisch: Blätter wechselständig, eiförmig, spitz, auf der Unterseite dicht behaart.
Kennzeichen: Sommergrüner, meist kleinerer, aber breitkroniger Baum, bis 7 m hoch.
Vorkommen: In vielen Sorten und Wuchsformen (Nieder-, Hochstamm) gepflanzt.
Wissenswertes: Eine der wichtigsten Ausgangsformen der heutigen Kulturäpfel ist der einheimische Holz-Apfel, dessen Zweige fast immer stark bedornt sind, während den Blättern die typische Behaarung fehlt. Holz-Äpfel werden als Pollenspender für die Bestäubung der Kulturäpfel angepflanzt. Das Wildobst ist eine wichtige Tiernahrung. Das Holz ist rotbraun, hart und schwer. Man verwendet es für Tischler- und Drechslerarbeiten.

Birnbaum, Kultur-Birne

Pyrus communis

Typisch: Blätter wechselständig, auf der Oberseite dunkelgrün glänzend, unterseits heller und kahl.
Kennzeichen: Sommergrüner, meist kleinerer Baum, bis über 15 m hoch.
Vorkommen: In vielen Sorten und Formen angepflanzt.
Wissenswertes: Eine der vielen Ausgangsformen unserer heutigen Kulturbirnen ist, neben asiatischen Arten, auch die einheimische Holz-Birne. Sie kommt vereinzelt in Auenwäldern oder lichten Mischwäldern vor. Birnbäume sind langsamwüchsig, können dafür aber bis 150 Jahre alt werden. Ihr Holz ist fest und hart. Früher verarbeitete man es gerne zu Pressen und Druckstöcken. Heute dient es als Ebenholzersatz, da man es völlig schwarz färben kann.

Moor-Birke

Betula pubescens

Typisch: Junge Zweige dicht behaart und flaumig, Blätter mit sehr kurzer Spitze.
Kennzeichen: Sommergrüner, bis 25 m hoher Baum, manchmal auch nur als 1 – 3 m hoher Strauch.
Vorkommen: Feuchte Standorte, in Mooren und Naßwiesen.
Wissenswertes: Bei der Moor-Birke ist die Rinde nicht so blendend weiß wie bei der Hänge-Birke, sondern erscheint grauweiß oder hellgrau. Ihre Äste wachsen immer aufsteigend bis waagerecht, hängen also nicht lang herunter. Recht häufig kann man an Moor-Birken die sogenannten Hexenbesen sehen: Durch Pilzbefall werden einzelne Knospen im Wuchs gestört und legen überzählige, dicht buschige Zweige an.

Hänge-Birke, Weiß-Birke

Betula pendula

Typisch: Junge Zweige kahl und etwas glänzend, mit feinen, warzenartigen Harzdrüsen besetzt. Blätter mit länglicher, schlanker Spitze.
Kennzeichen: Sommergrüner Baum, bis 25 m hoch.
Vorkommen: Feuchte bis trockene Laub- und Mischwälder, Heiden, Magerrasen.
Wissenswertes: Die glatte, silbrigweiße Rinde der Hänge-Birke ist unverkennbar. Zur Stammbasis hin wird sie durch knorrige, tiefschwarze Leisten und Risse gefeldert. Birken sind wichtige Pioniergehölze, die sich brachliegende Flächen in kurzer Zeit erobern. Ihre Früchte sind kleine, dünnhäutig geflügelte Nüsse, die der Wind verbreitet. Als raschwüchsiges Gehölz werden Birken nur etwa 120 Jahre alt. Ihr Holz ist sehr fest (hoher Brennwert).

Rot-Buche

Fagus sylvatica

Typisch: Blätter wechselständig, fast ganzrandig, nach dem Austrieb seidig behaart und am Rande lang bewimpert, später weitgehend kahl.
Kennzeichen: Sommergrüner Baum mit geradem, glattem Stamm, vor allem im Freistand mit sehr breiter, rundlicher Krone (rechts Mitte), bis über 30 m hoch.
Vorkommen: Wichtiger waldbildender Laubbaum, von der Ebene bis in Gebirgslagen.
Wissenswertes: Die Früchte der Rot-Buche – die Bucheckern (rechts oben) – sind längliche, dreikantige Nüsse. Sie stecken zu je zweien in einer verholzten, anfangs filzigen, später stacheligen Fruchthülle, die sich etwa ab Anfang Oktober mit vier Klappen öffnet und die einsamigen Nußfrüchte entläßt.

Die Bucheckern bestehen zur Hälfte aus fettem Öl, das man durch Pressen gewinnt und das ein vorzügliches Speiseöl ergibt. Über die Bucheckern machen sich auch zahlreiche Kleintiere des Waldes her: Sie stehen

z. B. bei Haselmäusen, Waldmäusen, Eichhörnchen, Bergfinken und Hähern auf dem Speiseplan. Rot-Buchen erreichen ein Alter von rund 300 Jahren.
Das rötliche Holz (namengebendes Merkmal) ist sehr hart. Man verwendet es im Innenausbau (Treppenstufen), für die Herstellung von Holzspielzeug oder für Sitzmöbel. Die Buchenkeimlinge (links), mit zwei rundlich-ovalen Keimblättern, kann man oft zahlreich am Waldboden beobachten.

Buchsbaum

Buxus sempervirens

Typisch: Blätter lederig, länglich eiförmig, gegenständig.
Kennzeichen: Immergrüner Strauch oder kleiner Baum, 5 – 8 m hoch.
Vorkommen: Vor allem im südlichen Europa. In Mitteleuropa wild nur an der Mosel und im Oberrheingebiet, häufig angepflanzt.
Wissenswertes: Auch weit außerhalb seines natürlichen Verbreitungsgebietes ist der Buchsbaum schon seit Jahrhunderten als Ziergehölz beliebt: In Kloster- und Bauerngärten umsäumte man damit die Gemüsebeete, in barokken Schloßgärten schnitt man ihn zu dekorativen Phantasieformen. Aus dem sehr zähen und harten Holz fertigt man Schachfiguren, Lineale oder Druckstöcke. Aus dem Wurzelholz lassen sich Pfeifenköpfe herstellen.

Edelkastanie, Eß-Kastanie

Castanea sativa

Typisch: Blätter länglich-lanzettlich, grob gezähnt, oberseits glänzend dunkelgrün. **Kennzeichen:** Sommergrüner Baum, bis 30 m hoch. **Vorkommen:** In sommertrokkenen Laubmischwäldern Südeuropas. Nördlich der Alpen eingebürgert (Rheinland) oder nur als Ziergehölz. **Wissenswertes:** Ebenso wie die Eichen gehört die Edelkastanie zu den Buchengewächsen. Sie blüht erst spät im Juli und schmückt sich dann mit hellgelben, bleistiftlangen Blütenständen. Die eßbare Nußfrucht, auch Marone genannt, erntet man im Oktober. Aus dem festen Holz fertigte man früher Faßdauben oder Bauteile für Schiffe. Eß-Kastanien werden bis 500 Jahre alt und bilden im Freistand eindrucksvolle Kronengestalten aus.

Flaum-Eiche

Quercus pubescens

Typisch: Laubblätter auf jeder Seite mit sieben bis neun relativ symmetrisch angelegten Buchten. Blattunterseiten graugrün, durch Behaarung sehr weich.
Kennzeichen: Sommergrüner Strauch oder kleiner Baum, 5 – 20 m hoch.
Vorkommen: Vor allem in Laubwäldern oder Gebüschen Südeuropas, in trocken-warmem Klima. In Mitteleuropa fast nur in Weinbauregionen. Mitunter auch in Parks und Gärten.
Wissenswertes: Nördlich der Alpen sind die Vorkommen der Flaum-Eiche Reststandorte aus der nacheiszeitlichen Wärmephase. Flaum-Eichen werden mehrere hundert Jahre alt. Ihr Holz ist fest und schwer. Man verarbeitet es zu Möbelfurnieren oder zu Parkettriegeln.

Rot-Eiche

Quercus rubra

Typisch: Blätter bis 25 cm lang, beidseits in drei bis vier spitze Lappen geteilt.
Kennzeichen: Sommergrüner, stattlicher Baum, bis 35 m hoch.
Vorkommen: Wild nur im östlichen Nordamerika, seit langem als Ziergehölz in Parkanlagen; auch forstlich angebaut.
Wissenswertes: Die Rot-Eiche erhielt ihren Namen nach dem prächtig orangeroten Herbstlaub. Wie alle Eichen-Arten der Neuen Welt zeigt sie kurz vor dem herbstlichen Laubabwurf besonders flammende Farben, während die europäischen Eichen-Arten dagegen nur fahl wirkende Gelb- oder Brauntöne zuwegebringen. Bis heute ist dieser auffällige Unterschied nicht erklärbar. Wertvolles Nutzholz.

Stiel-Eiche

Quercus robur

Typisch: Blätter nur kurzgestielt, nicht völlig symmetrisch, am Grunde geöhrt.
Kennzeichen: Sommergrüner Baum mit breiter Krone, bis etwa 40 m hoch.
Vorkommen: Wichtiger Waldbaum von der Niederungslandschaft bis ins Gebirge.
Wissenswertes: Der Name rührt von den besonders lang gestielten Eicheln (rechts oben), die meist zu drei bis fünf zusammensitzen. Die männlichen Blüten (ganz rechts) sieht man im Mai als hängende Kätzchen. Im Unterschied zur verwandten Trauben-Eiche teilt sich der kurze, oft knorrige Stamm schon in geringer Höhe in mehrere große Äste. Stiel-Eichen erreichen ein Alter von über 1000 Jahren. Ihr Holz ist technisch wertvoll.

Trauben-Eiche

Quercus petraea

Typisch: Blätter mit bis 2,5 cm langen Stielen und symmetrisch angelegten Buchten, am Übergang zum Blattstiel keilförmig, Eicheln ungestielt.
Kennzeichen: Sommergrüner Baum, bis 35 m hoch.
Vorkommen: Wichtiger Wald- und Forstbaum, überwiegend in der Ebene und im Hügelland. Kennart des Eichen-Hainbuchen-Waldes.

Wissenswertes: Man erkennt den Baum im unbelaubten Zustand sehr gut an seinem langen, geraden Stamm, der weit in die Kronenregion hinaufreicht. Das charakteristische Laub ist auf den deutschen Münzen dargestellt. Die Trauben-Eiche liefert neben wertvollem Nutzholz auch das Material für die berühmten Cognacfässer. Die Rinde diente zum Gerben.

Elsbeere

Sorbus torminalis

Typisch: Blätter im Umriß dreieckig, auf jeder Seite mit drei bis vier ungleich großen Lappen.
Kennzeichen: Sommergrüner Strauch oder kleiner Baum, 5 – 20 m hoch.
Vorkommen: In sonnigen Gebüschen, an Waldrändern oder lichten Laubwäldern. Oft als Obst- oder Ziergehölz angepflanzt.
Wissenswertes: Die etwas lederigen Apfelfrüchte sind weniger auffällig gefärbt als bei der verwandten Vogelbeere oder bei der Mehlbeere. Früher verwendete man sie als Heilmittel gegen Durchfall oder zur Geschmacksabrundung im Obst- und Apfelwein. Elsbeerenholz ist sehr warmtonig rötlichbraun und wird in der Drechslerei oder Tischlerei verwendet. Im Herbstlaub prächtige Farben.

Grau-Erle

Alnus incana

Typisch: Blätter doppelt gesägt, oval, mit kurzer Spitze, oben dunkelgrün, unten anfangs graufilzig, später kahl.
Kennzeichen: Mittelgroßer, sommergrüner Baum oder großer Strauch, meist mehrstämmig, 5 – 25 m hoch.
Vorkommen: Gewässerbegleitendes Gehölz auf Schotterböden im Gebirge, häufig zur Befestigung von Halden und Kippen angepflanzt.

Wissenswertes: In Deutschland erreicht die Grau-Erle die Westgrenze ihrer natürlichen Verbreitung – in der norddeutschen Niederungslandschaft fehlt sie bereits. Sie wächst sehr schnell, wird aber nur wenige Jahrzehnte alt. Ihr Holz ist technisch wenig wertvoll und wird kaum genutzt. Die zapfenartigen Fruchtstände sind für Singvögel eine wichtige Nahrung.

Schwarz-Erle

Alnus glutinosa

Typisch: Blätter breit-oval, dunkelgrün, vorne stumpf oder eingebuchtet.
Kennzeichen: Sommergrüner, meist einstämmiger Baum mit langem, geradem Stamm, bis 25 m hoch.
Vorkommen: Sehr häufig im Gehölzsaum von Bächen und kleinen Flüssen, auch am Rand von Niedermooren und Naßwiesen.
Wissenswertes: Erlen sind Windblüter. Ihre Blütezeit folgt fast unmittelbar auf den Hasel und fällt meist schon in die erste Märzhälfte. Geschlossen sind die männlichen Kätzchen purpurrot. Schon seit dem Spätsommer des Vorjahres sitzen sie blühbereit am Geäst. Das Holz ist kräftig orangerot und wird im Wasserbau verwendet. Das kräftige Wurzelwerk ist ein wirksamer Erosionsschutz.

Faulbaum

Frangula alnus

Typisch: Blätter wechselständig, breit-oval, vorne stumpf oder mit kurzer Spitze.
Kennzeichen: Sommergrüner, wenigstämmiger Strauch oder Baum, 2 – 7 m hoch.
Vorkommen: Häufig an Waldwegen oder in Säumen auf staunassen Böden.
Wissenswertes: Von den Blättern ernährt sich die Raupe des Zitronenfalters. Die anfangs grünen, später roten und zuletzt schwarzen Steinfrüchte sind eine wichtige Vogelnahrung. Für uns Menschen sind sie giftig. Die Rinde wird medizinisch als Abführmittel verwendet. Ihr fauliger Geruch gab dem Gehölz seinen Namen. Eine andere Bezeichnung ist Pulverholz, da die aus dem Holz hergestellte Holzkohle früher als Schießpulverbestandteil verwendet wurde.

Ginkgobaum

Ginkgo biloba

Typisch: Blätter fächerförmig, langgestielt, mit gabelig geteilten Blattnerven, lederig.
Kennzeichen: Sommergrüner Baum, bis 30 m hoch.
Vorkommen: Ursprünglich nur in Ostasien, jedoch häufig als Zierbaum in Parks und Gärten.
Wissenswertes: Der Ginkgobaum ist kein Bedecktsamer (Samen mit Fruchthülle) wie die übrigen Laubbäume, sondern ein Nacktsamer (Samen ohne Fruchthülle) und daher viel enger mit den Nadelhölzern verwandt. Sein flaches Fächerlaub ist einzigartig. Der Ginkgo ist der einzige Nachfahre einer sehr alten Pflanzengruppe, die bereits im Erdaltertum lebte. Man bezeichnet ihn daher auch als lebendes Fossil. Er ist erstaunlich resistent gegen Rauchgase und andere Schadstoffe.

Hainbuche, Weißbuche

Carpinus betulus

Typisch: Blätter zugespitzt, doppelt gesägt, mit bleibenden ziehharmonikaartigen Knickfalten aus der Knospenlage.

Kennzeichen: Sommergrüner Baum mit aufrechtem Stamm und vielästiger Krone, bis 25 m hoch.

Vorkommen: Wichtiger mitteleuropäischer Waldbaum, vom Tiefland bis in Gebirgslagen.

Wissenswertes: Die beiden namensähnlichen, aber nicht verwandten Baumarten Hainbuche (rechts) und Rot-Buche sind leicht zu unterscheiden: Nur die Hainbuche hat gesägte, knickfaltige Blätter, einen Stamm mit hellerem Netzmuster und dem Zweig anliegende Winterknospen. Bei der Rot-Buche sind die Blätter dagegen fast ganzrandig, der Stamm einheitlich bleigrau und die Knospen abgespreizt. Unterschiede bestehen auch im Holz: Weißbuchenholz ist hell, fest und sehr biegsam. Man verarbeitet es zu Werkzeugstielen und zu Holzkohle von hohem Brennwert (Grillkohle). Die weiblichen Blütenkätzchen (rechts oben, mit männlichen Blütenständen), die man bald nach dem Laubaustrieb beobachten kann, entwickeln sich zu großen, hängenden Fruchtständen (rechts unten). Jeder Nußfrucht sitzt darin ein dreilappiges Flugorgan an.

Kornelkirsche, Gelber Hartriegel

Cornus mas

Typisch: Blätter gegenständig, eiförmig, zugespitzt, ganzrandig, mit bogigen Blattadern.
Kennzeichen: Sommergrüner Strauch oder kleiner Baum, bis etwa 6 m hoch.
Vorkommen: Waldsäume, trockene Hänge, Gebüsche, in Deutschland wild fast nur in den südöstlichen Mittelgebirgen, sonst häufig angepflanzt.

Wissenswertes: Schon lange vor dem Laubaustrieb blüht die Kornelkirsche und schmückt sich dann mit halbkugeligen, hellgelben Dolden. Ab August sind die länglichen, glänzend roten Steinfrüchte reif. Sie sind eßbar und werden von Singvögeln (Kernbeißer, Dompfaff) oder Kleinsäugern (Haselmaus, Siebenschläfer) geerntet. Wertvolles Nistgehölz.

Gemeine Hopfenbuche

Ostrya carpinifolia

Typisch: Blätter wechselständig in zwei Zeilen, eiförmig, ungleich gesägt mit Grannenspitzen.
Kennzeichen: Sommergrüner, oft mehrstämmiger Baum oder großer Strauch, bis 20 m hoch.
Vorkommen: Trockene Hänge, Waldränder, Gebüsche, von den Südalpen bis ins östliche Mittelmeergebiet, hier und da als Ziergehölz.

Wissenswertes: Die Hopfenbuche gehört wie Hasel und Erle zu den Birkengewächsen. Ihre männlichen Blütenstände sind hängende, lange Kätzchen. Jede einzelne Nußfrucht ist zur Reifezeit von einer blasigen Hülle umgeben, die vom Wind verbreitet wird. Die Fruchtstände erinnern stark an Hopfenzapfen (Name!). Das Holz wird für Werkzeugteile verwendet.

Trauben-Kirsche

Prunus padus (Padus avium)

Typisch: Blätter wechselständig, oben mattgrün, unten blaugrün, am Blattstiel mit zwei grünen Nektardrüsen.
Kennzeichen: Sommergrüner, oft mehrstämmiger Baum oder Strauch, 8 – 15 m hoch.
Vorkommen: In Auengehölzen auf feuchtem Boden oder an Waldrändern, häufig auch als Ziergehölz gepflanzt.

Wissenswertes: Vor allem zur Blütezeit von Mai bis Anfang Juni fällt die Trauben-Kirsche auf: Ihre zahlreichen Blüten stehen an gemeinsamer Achse in Trauben zusammen. Die rotschwarzen, nur etwa erbsengroßen Steinfrüchte sind eßbar, schmekken aber leicht bitter. Vor allem Singdrosseln, aber auch andere größere Singvögel, besorgen gerne die Ernte.

Vogel-Kirsche

Prunus avium (Cerasus avium)

Typisch: Blätter elliptisch, mit schlanker Spitze, auf der Oberseite oft glänzend, regelmäßig gesägt, am oberen Stielende mit zwei bis vier roten Nektardrüsen.
Kennzeichen: Sommergrüner, hochstämmiger Baum, 15 – 25 m hoch.
Vorkommen: Häufig, aber nur einzeln in Laub- und Mischwäldern.
Wissenswertes: Die Vogel-Kirsche ist die Wildform der Süß-Kirsche, die durch Auslese schon vor der Antike entstand. Verwilderte Exemplare der Kultur-Kirsche sind von echten Vogel-Kirschen nicht immer leicht zu unterscheiden. Die rotschwarzen Steinfrüchte schmecken sehr aromatisch, haben aber einen etwas bitteren Beigeschmack. Von Singvögeln werden sie sehr gerne gefressen.

Sommer-Linde

Tilia platyphyllos

Typisch: Blätter wechselständig, schief herzförmig, mit langem Stiel, scharf gesägt, auf der Unterseite nur im Bereich der Blattnerven flaumig, in den Nervenachseln mit weißen Haarbüscheln.
Kennzeichen: Sommergrüner Baum mit geradem Stamm und schöner, rundlicher Krone (rechts), bis etwa 40 m hoch.
Vorkommen: Wichtiger Waldbaum in verschiedenen Laubwaldtypen, selten in Reinbeständen. Vielfach als Park- und Straßenbaum gepflanzt.
Wissenswertes: Die Sommer-Linde ist die typische Dorf- und Kirchenlinde, die hier und da noch das Bild der ländlichen Siedlungen prägt, aber empfindlich gegen Luftverschmutzung ist. Mitunter pflanzte man auch die Hol-

ländische Linde, die natürliche Kreuzung zwischen Sommer- und Winter-Linde. Wenn die Sommer-Linden blühen, streifen zwar honigsüße Düfte aus der Baumkrone, doch fällt die Blühwelle nicht besonders auf, denn im Blütenstand (rechts) entwickeln sich höchstens fünf Einzelblüten an einem bleichgrünen Tragblatt, welches im Herbst als Segelorgan dient.

Silber-Linde

Tilia argentea (T. tomentosa)

Typisch: Blätter schief herzförmig, auf der Unterseite ohne Haarbüschel, dafür dicht silbrigweiß behaart.
Kennzeichen: Sommergrüner Baum, bis 30 m hoch.
Vorkommen: Ursprünglich nur in Südosteuropa, in Mitteleuropa vor allem in wintermilden Gebieten. In Alleen und Parkanlagen angepflanzt.
Wissenswertes: Erst Ende Juli blühen die Silber-Linden. Ihr Nektar wird von Bienen und Hummeln nicht vertragen, weshalb man unter blühenden Bäumen oft herumtorkelnde oder gar tote Blütenbesucher findet. Einheimische Linden sind für Insekten dagegen nicht giftig. Durch ihre Behaarung bindet die Silber-Linde viel Luftstaub – wegen ihrer giftigen Wirkung auf bestäubende Insekten sollte man sie nicht pflanzen.

Winter-Linde

Tilia cordata

Typisch: Schief herzförmige, langgestielte Blätter (kleiner als bei der Sommer-Linde), auf der Unterseite mit braunen Haarbüscheln.
Kennzeichen: Sommergrüner Baum mit kräftigem Stamm und dichter Verzweigung, 25 – 30 m hoch.
Vorkommen: Häufig in verschiedenen Laubwäldern, aber nur selten in Reinbeständen. Oft auch als Parkbaum.

Wissenswertes: Im Juni oder Juli entwickeln die Winter-Linden ihre gelblich-weißen Blütenstände. An einem bleichen Hochblatt, das einmal zum Flugorgan der reifen Früchte wird, hängen vier bis zehn Blüten, die einen feinen Duft verströmen. Der gesamte Baum erscheint dann gelbgrün. Winter-Linden werden über 1000 Jahre alt. Wertvolles Schnitzholz.

Mehlbeere

Sorbus aria

Typisch: Blätter wechselständig, breit-elliptisch, spitz, unregelmäßig gesägt, oberseits glänzend dunkelgrün, unterseits silbrigweiß behaart.
Kennzeichen: Sommergrüner Baum, 5 – 15 m hoch.
Vorkommen: Häufig im Saum sonniger Gebüsche, an Waldrändern oder in lichten Mischwäldern. In Gärten oder an Straßen angepflanzt.
Wissenswertes: Nach der Fruchtreife im Oktober werden die korallroten Apfelfrüchte von den Vögeln kaum geerntet. Sie bleiben somit während des Winters am Baum, dunkeln durch Schrumpfen etwas nach und werden erst im Frühjahr von den zurückkehrenden Zugvögeln gefressen. Die mehligen Äpfelchen wurden früher auch in Brot eingebacken. Sie sind sehr vitaminreich.

Schwedische Mehlbeere

Sorbus intermedia

Typisch: Blätter wechselständig, im Umriß oval, am Rand tief gekerbt und gesägt.
Kennzeichen: Sommergrüner Baum mit kugeliger Krone, 5 – 15 m hoch.
Vorkommen: Wild nur im südlichen Skandinavien. In Mitteleuropa als Frucht- oder Ziergehölz angepflanzt.
Wissenswertes: Die Schwedische Mehlbeere ist eine erst in der Nacheiszeit in Südskandinavien entstandene und erbfest gewordene Kreuzung aus der Vogelbeere und der Mehlbeere. Vermutlich trägt sie auch Erbgut der Elsbeere. Die scharlachroten Apfelfrüchtchen, die gerne von Kleintieren gefressen werden, kann man zu Fruchtmus verarbeiten. Wegen des reichen Fruchtbehangs und der schönen Herbstfärbung ein beliebtes Ziergehölz.

Schwarz-Pappel

Populus nigra

Typisch: Blätter wechselständig, langgestielt, im Umriß dreieckig, auf der Oberseite dunkelgrün und glänzend.
Kennzeichen: Sommergrüner Baum mit hoher, ovaler, nach oben immer breiter werdender Krone (rechts oben), bis etwa 30 m hoch, tief längsrissige Borke.
Vorkommen: Wildstandorte vor allem in den mittel- und südeuropäischen Flußtälern und dort Charakterbaum der Weichholzaue. Sonst in verschiedenen Wuchsformen angepflanzt.
Wissenswertes: Pappeln sind zweihäusige Gehölze – es gibt also männliche und weibliche Bäume. Die Blüten sitzen in fingerlangen, hängenden Kätzchen und entfalten sich bereits im März vor dem Laubaustrieb. Schon im Mai sind dann die Kapseln

reif und entlassen große Mengen winziger Samen an silbrigen Haaren, die im Wind wie feine Wattebäusche umhertreiben. Von der Schwarz-Pappel gibt es mehrere Wuchsformen. Am bekanntesten sind sicherlich die schlanken Säulengestalten der Pyramiden-Pappel (unten), die erstmals in Italien auftraten und seit rund 250 Jahren auch in Mitteleuropa in Parkanlagen oder zu Alleen angepflanzt werden. Außerdem findet man in Städten, entlang von Bahnlinien oder Flußläufen sowie in den verschiedensten Schutzpflanzungen sehr häufig sogenannte Bastard- oder Hybrid-Pappeln (rechts unten), die seit dem 17. Jahrhundert aus Kreuzungen mit kanadischen Arten hervorgingen. Nicht selten zeigen die Blattstiele der Pappeln knotige Verdickungen; dies sind

von Galläusen hervorgerufene Stielgallen, die im September zahlreiche Läuse freigeben. Pappelholz ist sehr weich. Man verarbeitet es zu Holzwolle, Zellstoff, Zündhölzern oder Holzschuhen.

Silber-Pappel

Populus alba

Typisch: Blätter von rundlichem Umriß, unregelmäßig lappig, oberseits glänzend dunkelgrün, unterseits dicht weißfilzig.
Kennzeichen: Sommergrüner, meist sehr stattlicher Baum mit grauer Rinde, 15 – 30 m hoch.
Vorkommen: Vor allem in Auenwäldern und Auengebüschen entlang größerer Fließgewässer in der Hartholzaue, zunehmend auch als Straßenbaum angepflanzt.
Wissenswertes: Alle Pappeln sind windblütig. Dennoch fliegen Bienen die hübschen karminroten männlichen Kätzchen an. Schon im Mai sind die Früchte reif. Die Samen fliegen mit weißen, seidigen Flughaaren wie Watteflocken umher. Das weiche Pappelholz wird gerne in der Modelltischlerei verwendet.

Zitter-Pappel, Espe

Populus tremula

Typisch: Blätter wechselständig, fast kreisrund, langgestielt, oberseits glänzend, unten mattgrün.
Kennzeichen: Sommergrüner Baum, bis etwa 30 m hoch, mit kugeliger oder unregelmäßiger Krone.
Vorkommen: Pioniergehölz auf Brachland, in Steinbrüchen oder an Wegrändern. Im Gebirge bis über 1500 m.
Wissenswertes: Die hübschen, unverkennbaren Blätter sind mit ihren Blattstielen gelenkig verbunden – sie zittern daher beim leisesten Windstoß „wie Espenlaub". Die Zitter-Pappel kann mit der Silber-Pappel eine fruchtbare Hybridform bilden: Die Grau-Pappel steht in den Merkmalen zwischen den Eltern. Man pflanzt sie als Windschutz im Küstengebiet häufig an (Marschpappel).

Pfaffenhütchen, Spindelbaum

Euonymus europaea

Typisch: Blätter gegenständig, länglich, spitz, kahl.
Kennzeichen: Sommergrüner Strauch oder kleiner Baum, 2 – 6 m hoch.
Vorkommen: Häufig an Wegrändern, in Feldgehölzen oder in Auengebüsch.
Wissenswertes: Die jüngeren Zweige des Pfaffenhütchens bleiben lange grün und tragen an den Kanten auffallende Korkleisten. Im Herbst öffnet sich die karminrote Fruchtkapsel und präsentiert die orangeroten Samenmäntel – ein Farbkontrast, der auf viele Vögel (Rotkehlchen, Drosseln) unwiderstehlich wirkt. Für uns Menschen sind alle Teile der Pflanze stark giftig. Das gelbliche Holz ist sehr dicht und schwer. Früher fertigte man daraus Webstuhl-Spindeln (Name!) und Stricknadeln.

Ahornblättrige Platane

Platanus x hybrida (P. x acerifolia)

Typisch: Blätter wechselständig (Unterschied zu den Ahorn-Arten mit gegenständigem Laub), oben kahl, unterseits auf den Hauptadern und in den Achseln behaart.
Kennzeichen: Sommergrüner Baum, bis 35 m hoch, mit mächtigem Stamm und großplattig abspringender Borke.
Vorkommen: Keine Wildvorkommen, nur angepflanzt in Parks oder Alleen.

Wissenswertes: Die vor allem in Städten angepflanzte Platane ist eine erbfeste Kreuzung zwischen einer vorderasiatischen und einer nordamerikanischen Art, die beide in Mitteleuropa kaum zu sehen sind. Diese Hybrid-Platane ist sehr widerstandsfähig gegen Umweltstreß; ein geeignetes Stadtgehölz für die Beschattung von Straßen und Parkplätzen.

Stechpalme, Hülse

Ilex aquifolium

Typisch: Blätter wechselständig, lederig, oben glänzend dunkelgrün, dornig bewehrt.
Kennzeichen: Immergrüner Strauch oder kleiner Baum, 3 – 15 m hoch.
Vorkommen: Oft als Unterwuchs in Laub- und Mischwäldern, in Mitteleuropa meist nur in atlantisch beeinflußten Gebieten. Häufig als Ziergehölz angepflanzt.
Wissenswertes: Die Stechpalme ist eines der wenigen heimischen Laubgehölze mit immergrünem Blattwerk. An blühenden Zweigen sind die Blätter weniger bedornt und manchmal sogar glattrandig. Die Blätter weiblicher Pflanzen sind insgesamt jedoch dorniger als die der männlichen Bäumchen. Die glänzend roten Steinfrüchte werden von Vögeln verzehrt; für den Menschen aber giftig.

Berg-Ulme, Weiß-Rüster

Ulmus glabra

Typisch: Blätter wechselständig, kurzgestielt, am Grund asymmetrisch, auf der Oberseite sehr rauh, vorne oft mit drei Spitzen.
Kennzeichen: Sommergrüner, imposanter Baum mit hoher Krone, 25 – 40 m hoch.
Vorkommen: Vor allem im Hügel- und Bergland in schattigen Hangwäldern oder Schluchten, im Tiefland selten. In großen Parks und Gärten als Zierbaum.
Wissenswertes: Die Berg-Ulme blüht lange vor dem Blattaustrieb und macht dann schon in der zweiten Märzhälfte einen belaubten Eindruck. Die schnell wachsenden grünen Flügelnüsse sind ihre ersten zuckerbildenden Organe. Ulmen- oder Rüsterholz ist sehr druckfest und wird gerne im Innenausbau (z. B. für Treppen) verwendet.

Feld-Ulme, Rot-Rüster

Ulmus minor

Typisch: Blätter stark asymmetrisch: eine Blatthälfte deutlich größer und deren Ansatz am Blattstiel auffallend näher am Zweig; Blattrand gesägt.
Kennzeichen: Sommergrüner Baum mit vielgestaltiger, reichverzweigter Krone (rechts), bis 40 m hoch.
Vorkommen: Vereinzelt oder bestandsbildend in der Hartholzaue der großen Flußtäler oder in Feldgehölzen.
Wissenswertes: In den letzten Jahren sind viele prächtige Ulmen einer Pilzerkrankung zum Opfer gefallen, die von bohrenden Käfern übertragen wird: Ulmensplintkäfer verschleppen die Pilzsporen bei ihren „Attacken" von Baum zu Baum. Eine erfolgreiche Bekämpfung ist bisher noch nicht möglich. Wegen ihrer imposanten

Wuchsform hat man die Feld-Ulme früher auch an Dorfplätzen oder Kirchen angepflanzt. Immerhin kann sie über 400 Jahre alt werden. Der Name Rot-Rüster bezieht sich auf das dunkle, rotbraune Kernholz. Die Blüten sind unauffällig und erscheinen lange vor den Blättern bereits im März. Ab Mai reifen die ovalen, vorne geschlitzten Flügelfrüchte (rechts).

Flatter-Ulme, Flatter-Rüster

Ulmus laevis

Typisch: Blätter mit schiefem Blattgrund, ungleich gesägt, unterseits weichhaarig.
Kennzeichen: Sommergrüner Baum mit lockerer Krone, bis 35 m hoch.
Vorkommen: Meist gewässerbegleitend in Auengehölzen oder in feuchten Mischwäldern; gelegentlich auch als Straßen- oder Parkbaum.
Wissenswertes: Auch die Flatter-Ulme gehört zu den besonders früh blühenden heimischen Laubgehölzen. Ihre Blüten sind im Gegensatz zu den beiden anderen Ulmen-Arten langgestielt. Bemerkenswert ist auch der Stammausschlag, wobei sich am Stamm älterer Bäume plötzlich neue Zweige bilden. Auf den Blättern kann man häufig Gallbildungen beobachten, die von tierischen Erregern stammen.

Silber-Weide

Salix fragilis

Typisch: Blätter wechselständig, lanzettlich, oberseits dunkelgrün, unterseits graublau, auf beiden Seiten silbrig behaart.
Kennzeichen: Sommergrüner, breitkroniger Baum, bis 25 m hoch.
Vorkommen: Häufig in Auenwäldern entlang der Fließgewässer und im Saum von Weihern und Seen.
Wissenswertes: Silber-Weiden sind die wichtigsten Baumgehölze der Weichholzauen und bilden an den größeren Gewässern häufig Reinbestände. Früher schnitt man von ihnen die zwei- oder dreijährigen Ruten für Flecht- und Bindearbeiten, so daß sich allmählich die markanten Kopfbäume herausbildeten – sie sind sehr wertvolle Lebensstätten zahlreicher Kleintiere.

Sal-Weide, Palm-Weide

Salix caprea

Typisch: Blätter wechselständig, ganzrandig oder leicht gewellt bis undeutlich gezähnt, oberseits dunkelgrün, unterseits grauhaarig.
Kennzeichen: Sommergrüner Baum, bis 10 m hoch oder mehrstämmiger großer Strauch (rechts).
Vorkommen: Sehr häufig an Weg- und Waldrändern, auf Brachland, in aufgelassenen Kiesgruben und Steinbrüchen. Auch in Feldgehölzen.
Wissenswertes: Wie ihre gesamte artenreiche Verwandtschaft ist auch die Sal-Weide zweihäusig: Die weiblichen und männlichen Blütenkätzchen entwickeln sich auf getrennten Bäumen. Schon lange vor dem Laubaustrieb, oft bereits in der ersten Märzhälfte, werden die tütenförmigen Knospenschuppen wie eine Haube abgehoben.

Zum Vorschein kommen die fellartig behaarten, silbrig glänzenden Tragblätter der Einzelblüten. Jede männliche Einzelblüte streckt bald zwei goldgelbe Staubblätter vor, die große Mengen an Blütenstaub enthalten (rechts). Für

Bienen ist die Sal-Weide wegen ihres frühen Blühtermins ein wichtiger Pollenlieferant. Auch die ersten Schmetterlinge, wie Zitronenfalter oder Kleiner Fuchs, die die Frühlingssonne aus der Winterruhe gelockt hat, finden sich auf den Blütenständen ein. Bereits Anfang Mai sind die Früchte reif und entlassen große Mengen winziger Samen an dünnen, weißen Schwebehaaren, die der Wind umhertreibt. Wegen ihrer Leichtigkeit haben sie eine enorme Reichweite, und so wundert es nicht, daß gerade Sal-Weiden zu den beständigsten Pioniergehölzen gehören, die überall dort auftreten, wo ehemaliges Kulturland brachfällt. Die Keimlinge entwickeln sich sehr rasch und wachsen, eine Ausnahme unter den heimischen Gehölzen, bis in den Herbst hinein weiter. Ältere Bäume haben einen sehr knorrigen, rauhen Stamm, auf dem sich Flechten und Moose ansiedeln. Dichte Weidenbüsche sind zudem wertvolle Nistgehölze für Singvögel.

Eingriffeliger Weißdorn

Crataegus monogyna

Typisch: Blätter wechselständig, beiderseits drei- bis siebenlappig mit sehr tiefen, fast bis zur Hauptrippe reichenden Buchten.
Kennzeichen: Sommergrüner, dicht verzweigter Strauch oder kleiner Baum, 3 – 8 m hoch.
Vorkommen: Hecken, Gebüsche, Waldsäume.
Wissenswertes: Weißdorn ist eine im Blüten- und Fruchtschmuck gleichermaßen attraktive Holzpflanze. Da die Blüten nur einen Griffel und Fruchtknoten aufweisen, enthalten die scharlachroten, eßbaren Früchte auch nur einen Steinkern. Vögel ernten die Früchte, oft erst im Frühjahr nach der Reife. Durch Schnitt verdichtet sich die Verzweigung. Weißdorn ist daher ein hervorragendes Hecken- und Nistgehölz.

Zweigriffeliger Weißdorn

Crataegus laevigata

Typisch: Blätter im Umriß eiförmig, am Grunde keilförmig, im oberen Teil unregelmäßig drei- bis fünflappig und ganzrandig.
Kennzeichen: Sommergrüner Strauch oder kleiner Baum, 2 – 10 m hoch.
Vorkommen: Lichte Laub- und Mischwälder, Gebüsche, Flurgehölze, Brachen.
Wissenswertes: Die meisten Blüten dieser Weißdorn-Art enthalten zwei, einige nur einen oder selten drei Griffel. Entsprechend fällt die Anzahl der Steinkerne in den mehligen Früchten aus, die ab August heranreifen und eine wichtige Nahrung für Singvögel und Kleinsäuger bilden. Als Straßenbaum findet man auch rotblühende Formen mit gefüllten Blüten (Rotdorn). In der Medizin als Herzmittel verwendet.

Zwetschgenbaum

Prunus domestica

Typisch: Blätter wechselständig, elliptisch, mit schlanker Spitze, gesägt, kurzhaarig.
Kennzeichen: Sommergrüner Obstbaum oder mehrstämmiger Strauch, 5 – 15 m hoch.
Vorkommen: Nur aus der Kultur bekannt, in zahlreichen Sorten angepflanzt.
Wissenswertes: Mehrere Wildarten haben zu dem reichen Sortenbild der verschiedenen Pflaumen, Zwetschgen, Mirabellen und anderen Steinobstformen ihr Erbgut durch Einkreuzung beigetragen. Die sortenabhängig blaubereiften Steinfrüchte reflektieren kurzwelliges Licht und werden daher von Vogelaugen besonders gut wahrgenommen. Das Holz ist im Kern purpurbraun und wird für kunsthandwerkliche Zwecke verwendet.

Zürgelbaum

Celtis australis

Typisch: Blätter wechselständig, lanzettlich, mit langer, schlanker Spitze, oberseits dunkelgrün und leicht rauhhaarig, unterseits fein weißlich behaart.
Kennzeichen: Sommergrüner Baum mit offener, oft überhängender Krone, 15 – 25 m hoch.
Vorkommen: Im lichten Unterwuchs oder in Hangwäldern Südeuropas, in Mitteleuropa als Straßen- oder Zierbaum.
Wissenswertes: Die Verwandtschaft zu den Ulmen zeigt sich am asymmetrischen Blattgrund, bei dem eine Hälfte weiter zum Blattstiel herabreicht. Auf langen Stielen reifen im August die kugeligen, braunroten bis schwarzen Steinfrüchte. Sie sind eßbar und werden zu Süßspeisen verwendet.

Eschen-Ahorn

Acer negundo

Typisch: Gegenständige, gefiederte Blätter mit unregelmäßig gezähnten Fiedern.
Kennzeichen: Sommergrüner Baum mit lückenhafter Krone, bis 15 m hoch.
Vorkommen: Ursprünglich nur im östlichen Nordamerika, häufig als Zier- oder Parkbaum angepflanzt.
Wissenswertes: Unter den Ahorn-Arten ist dieser Baum mit seinen gefiederten Blättern eine bemerkenswerte Ausnahme. Viele angepflanzte Sorten tragen kein einheitlich grünes Laub, sondern in verschiedenen Grünnuancen gefleckte oder mit weißlichen Mustern versehene (= panaschierte) Blätter. Ungewöhnlich ist auch, daß der Eschen-Ahorn zweihäusig ist und daß er seine spitzwinkligen Flügelfrüchte zahlreich an langen Rispen trägt.

Blumen-Esche, Manna-Esche

Fraxinus ornus

Typisch: Blätter gegenständig, unpaarig gefiedert, Fiedern spitz, stumpf gesägt.
Kennzeichen: Sommergrüner Baum, mitunter mehrstämmig, mit dunkelgrauer Borke, bis 15 m hoch.
Vorkommen: Vor allem südlich der Alpen und im Mittelmeergebiet an sonnigen Hängen. In der Oberrheinebene eingebürgert. Sonst als Zierbaum in Parks angepflanzt.

Wissenswertes: Die Blütenstände der Blumen-Esche sind in ihrer Reichblütigkeit sehr auffallend und mit den einfachen Blüten der Gemeinen Esche kaum vergleichbar. Früher gewann man aus den Bäumen durch Anschneiden die Manna, einen eingetrocknet gelbbraunen, süßschmeckenden und nach Honig duftenden Blutungssaft, für medizinische Zwecke.

Gemeine Esche

Fraxinus excelsior

Typisch: Blätter gegenständig, unpaarig gefiedert, Fiedern spitz, scharf gezähnt.
Kennzeichen: Sommergrüner, oft hochwüchsiger Baum; mit über 40 m Höhe Rekordhalter unter den einheimischen Laubbäumen.
Vorkommen: Häufig in Auen- und Schluchtwäldern, in Flurgehölzen oder in Parks.
Wissenswertes: Bei der Gemeinen Esche kommen dreierlei Blüten auf einem Baum vor; zwittrige, männliche und weibliche. Sie erscheinen vor dem Laubaustrieb. Da die Belaubung erst sehr spät einsetzt, ist der Boden in Wäldern mit Eschen immer reich an Kräuterarten. Die Esche wird ungefähr 250 Jahre alt. Ihr festes, helles, sehr elastisches Holz wird bevorzugt für Werkzeuggriffe oder Sportgeräte verwendet.

Götterbaum

Ailanthus altissima (A. glandulosa)

Typisch: Blätter wechselständig, unpaarig gefiedert. Fiedern unten mit zwei bis vier stumpfen Zähnen.
Kennzeichen: Sommergrüner, oft sehr hochwüchsiger Baum mit schöner Kronengestalt, bis 25 m hoch.
Vorkommen: Ursprünglich in China, in Mitteleuropa als Ziergehölz angepflanzt und stellenweise verwildert.
Wissenswertes: Der Götterbaum entwickelt ab September orangerot gefärbte Fruchtstände mit zahlreichen Flügelnüssen, die der Wind – ähnlich wie bei Ahorn oder Esche – als Drehschraubenflieger verbreitet. Der Baum ist enorm raschwüchsig, erreicht aber nur ein Alter von wenigen Jahrzehnten. Da er auf ungünstigen Böden gedeiht, hat man ihn auf Trümmergrundstücken gepflanzt.

Schwarzer Holunder

Sambucus nigra

Typisch: Blätter gegenständig, unpaarig gefiedert, mit fünf gleich großen Fiedern.
Kennzeichen: Sommergrüner, kleiner Baum oder mehrstämmiger Strauch, 7 – 10 m hoch (rechts).
Vorkommen: Sehr häufig an Waldrändern, in Gebüschen, Hecken, an alten landwirtschaftlichen Gebäuden oder in Flurgehölzen.
Wissenswertes: Mit seinem breiten Wuchs und den langen, bogig überhängenden Ästen ist der Schwarze Holunder eines der markantesten Gehölze. Er ist ein wertvolles Wohn- und Nahrungsgehölz für Kleintiere. Schon während des Winters klafften die Knospen ein wenig auseinander. Aber erst im Juni haben sich an den Zweigenden die tellergroßen, weißen Blütenstände entwickelt,

in denen die zahlreichen kleinen Einzelblüten so arrangiert sind, daß aus der Entfernung der Eindruck üppiger Superblüten entsteht. Im Laufe des Sommers reifen saftige, schwarze Steinfrüchte heran, die ein wertvolles Wildobst sind. Zur Reifezeit verfärben sich die anfangs grünen Fruchtstiele purpurrot, wodurch sich die Attraktivität der Fruchtstände noch verstärkt (rechts). Bei den Germanen war der Holunder der Gottheit Holla geweiht, die in der Märchengestalt Frau Holle fortlebt.

Robinie, Scheinakazie

Robinia pseudoacacia

Typisch: Blätter wechselständig, unpaarig gefiedert. Fiedern länglich, ganzrandig.
Kennzeichen: Sommergrüner, sehr spät austreibender Baum mit gewölbter Krone, bis 25 m hoch.
Vorkommen: Ursprünglich im atlantischen Nordamerika, seit langem überall in Europa angepflanzt und an vielen Stellen eingebürgert.
Wissenswertes: Robinien sind robuste, widerstandsfähige Bäume und gedeihen auch auf sehr nährstoffarmen, trockenen Böden. Sie eignen sich daher besonders als Straßenbäume. Zur Blütezeit entwickeln sie zahlreiche weiße Schmetterlingsblüten, die eifrig von Bienen und Hummeln besucht werden. Alle Teile des Baumes sind giftig. Aus dem festen Holz fertigt man Sportgeräte.

Gemeine Roßkastanie

Aesculus hippocastanum

Typisch: Blätter gegenständig, handförmig geteilt, oberseits dunkelgrün und kahl, im Herbstlaub goldgelb.
Kennzeichen: Sommergrüner Baum mit meist kurzem Stamm, bis 25 m hoch.
Vorkommen: Ursprünglich nur auf dem Balkan und in Bergwäldern Vorderasiens, seit dem 16. Jahrhundert auch in Mitteleuropa angepflanzt und verwildert.

Wissenswertes: Besonders dekorativ sind die bis 30 cm hohen Blütenstände, in denen oben nur männliche, unten nur zwittrige Blüten sitzen. Die Kronblätter zeigen ein anfangs gelbes Farbmal, das nach zwei bis vier Tagen karminrot wird, sobald die Blüte bestäubt wurde. Gleichzeitig hören auch Duft- und Nektarproduktion auf. Die Kastanien sind große Samen.

Vogelbeere, Eberesche

Sorbus aucuparia

Typisch: Blätter wechselständig, unpaarig gefiedert, locker behaart, einfach gesägt.
Kennzeichen: Sommergrüner, oft mehrstämmiger Strauch oder mittelgroßer Baum, 5 – 15 m hoch.
Vorkommen: An Waldrändern und Gebüschen; in den Alpen bis zur Baumgrenze. Häufig und in vielen Sorten auch als Ziergehölz angepflanzt.

Wissenswertes: Im Blüten- und Fruchtschmuck ist die Eberesche gleichermaßen attraktiv. Ihre Bezeichnung Vogelbeere läßt vermuten, daß sich vor allem ab dem Spätherbst die umherstreifenden Teilzieher unter den Singvögeln über die korall- bis scharlachroten Apfelfrüchte hermachen. Sie enthalten Sorbit, einen wichtigen Zuckeraustauschstoff für Diabetiker.

Walnußbaum

Juglans regia

Typisch: Blätter wechselständig, unpaarig gefiedert, Fiedern ganzrandig, ziemlich derb, oberseits glänzend, beim Austrieb purpurn.
Kennzeichen: Sommergrüner, breitkroniger Baum, 10 – 25 m hoch, mit schwarzbrauner Rinde.
Vorkommen: Ursprünglich nur im östlichen Mittelmeergebiet und in Vorderasien, seit der Römerzeit auch nördlich der Alpen eingebürgert und angepflanzt.
Wissenswertes: Walnußbäume treiben spät aus. Ihre Blütenstände werden bereits im Spätsommer des Vorjahres angelegt und überwintern als Knospe. Die Walnüsse, die etwa im Oktober reif sind, stellen Steinfrüchte dar, da sie eine grünliche Fruchtfleischhülle umgibt und nur die innere Schicht verholzt.

Douglasie

Pseudotsuga menziesii

Typisch: Nadelblätter weich und biegsam, meist zweizeilig gescheitelt, duften beim Zerreiben nach Citrusfrüchten.
Kennzeichen: Immergrüner Baum, bis über 50 m hoch, am Stamm mit Harzblasen.
Vorkommen: Wildvorkommen nur im pazifischen Nordamerika. Seit langem als Zierbaum oder forstlich angepflanzt.

Wissenswertes: Der wissenschaftliche Name ehrt den Arzt und Forschungsreisenden A. Menzies, der den Baum 1793 entdeckte. An den Zapfen der Douglasie kann man sehr gut die breiten, rundlichen Samenschuppen und die zungenförmigen, lang vorragenden Deckschuppen unterscheiden, die bei anderen Nadelbäumen miteinander verwachsen sind.

Gemeine Eibe

Taxus baccata

Typisch: Nadelblätter lederig, aber biegsam, oberseits schwarzgrün, unterseits hell- oder graugrün, zweizeilig.
Kennzeichen: Immergrüner Baum, 12 – 15 m hoch, oft mehrstämmig.
Vorkommen: In Europa weit verbreitet, meist jedoch sehr vereinzelt in schattigen Laub- und Mischwäldern. In vielen Gartenformen angepflanzt.
Wissenswertes: Veränderte Waldbaumethoden haben die Eibe von vielen ihrer ehemaligen Standorte verdrängt. Unter günstigen Voraussetzungen werden Eiben sehr alt. Deutschlands älteste Exemplare wachsen im Allgäu und sind fast 2000 Jahre alt. Alle Teile der Eibe (außer die roten Samenmäntel) sind giftig. Eibenholz ist sehr hart. Früher fertigte man Speere und Bögen daraus.

Gemeine Fichte

Picea abies

Typisch: Nadelblätter vierkantig, zugespitzt, wirtelig oder undeutlich gescheitelt.
Kennzeichen: Immergrüner Baum, bis über 50 m hoch und damit höchster einheimischer Baum.
Vorkommen: Natürliche Vorkommen liegen in den Mittelgebirgen durchweg oberhalb 800 m. Durch forstlichen Anbau sehr verbreitet. Auch als Zier- und Parkbaum.

Wissenswertes: Im Frühjahr bilden die frischgrünen Zweigzuwachse einen lebhaften Farbkontrast zu den älteren Zweigen. An gesunden Bäumen bleiben die Nadeln mindestens fünf bis sieben Jahre, im Gebirge oft auch bis zu zehn Jahren. Durch Schadstoffeinwirkung erkrankte Fichten verlieren die einzelnen Nadeljahrgänge schon viel früher.

Serbische Fichte

Picea omorika

Typisch: Nadelblätter bis 2 mm dick und damit kräftiger als bei der Gemeinen Fichte, spitz, aber nicht stechend.
Kennzeichen: Immergrüner Baum von schlanker Säulengestalt, 25 – 30 m hoch.
Vorkommen: Ursprünglich nur in einem kleinen, insgesamt 60 Hektar großen Gebiet in Jugoslawien, dort erst 1877 entdeckt. Heute als Gartenkonifere sehr häufig.
Wissenswertes: Das heutige natürliche Verbreitungsgebiet wird als Rückzugsgebiet gedeutet, wohin sich die Art während der Eiszeiten in Sicherheit brachte. Zuvor war sie sogar bis an die Nordseeküste verbreitet. Nach den Eiszeiten hat der Baum seinen Reliktstandort nicht mehr verlassen, bis er für die Gartenkultur entdeckt wurde.

Stech-Fichte

Picea pungens

Typisch: Nadelblätter sehr starr und stechend spitz, wirtelig gestellt, vierkantig.
Kennzeichen: Immergrüner Baum, bis etwa 30 m hoch. Die Stämme junger Bäume sind nie völlig gerade, sondern immer ein wenig gebogen.
Vorkommen: Wildvorkommen nur im westlichen Nordamerika im Hochgebirge (Rocky Mountains). In vielen Formen in Gärten oder Forstkulturen angepflanzt.
Wissenswertes: In ihrer Heimat wächst die Stech-Fichte überwiegend in der grünen Wildform. Bei uns sieht man dagegen fast nur die Kulturform mit graublauer Benadelung. Auf Weihnachtsmärkten wird der Baum manchmal unter der irreführenden Bezeichnung Blautanne oder Edeltanne angeboten.

Kanadische Hemlock(tanne)

Tsuga canadensis

Typisch: Nadelblätter kurz, aber relativ breit und flach, unterseits mit hellem, breitem Mittelstreif.
Kennzeichen: Immergrüner, bei uns meist nur bis 30 m hoher Baum, manchmal auch mehrstämmig.
Vorkommen: Wildvorkommen nur im nordöstlichen Nordamerika. Als Park- und Gartengehölz angepflanzt.
Wissenswertes: Die im Vergleich zu anderen Nadelbäumen sehr kleinen, etwa 2 cm langen Zapfen reifen im Jahr der Blüte heran, fallen aber erst im zweiten Jahr vom Baum. Sie sitzen an den Enden der vorjährigen Zweige und sehen sehr dekorativ aus. Hemlock wird über 1000 Jahre alt. Das gelblich-weiße Holz ist weich und wird als Bauholz oder für die Zellstoffgewinnung genutzt.

Arve, Zirbe, Zirbel-Kiefer

Pinus cembra

Typisch: Nadelblätter etwa fingerlang, fest und starr, zu je fünf an einem Kurztrieb.
Kennzeichen: Immergrüner Baum, bis 20 m hoch, anfangs mit kegelförmiger, im Alter mit unregelmäßiger Krone.
Vorkommen: In den Zentralalpen und in den Karpaten bildet die Arve die Baum- und Waldgrenze. Außerdem als Ziergehölz in Parks.

Wissenswertes: Die Arve ist vorzüglich an das extreme Hochgebirgsklima angepaßt. Zum Gedeihen braucht sie nur wenig mehr als zwei frostfreie Monate im Jahr. Im Winter kann sie ohne weiteres Temperaturen von weniger als minus 40 Grad Celsius ertragen. Arvenholz ist im Kern rötlich und dunkelt rasch nach. Es ist ein gesuchtes Bau- und Möbelholz.

Berg-Kiefer

Pinus mugo

Typisch: Nadelblätter bis fingerlang, zu je zwei an einem Kurztrieb, am Rande fein gesägt.
Kennzeichen: Immergrüner Strauch mit niederliegenden Ästen oder ein- bis mehrstämmiger Baum, bis 25 m hoch.
Vorkommen: Gebirge Mittel- und Südeuropas, häufig als Ziergehölze angepflanzt.
Wissenswertes: Als Strauch bildet die Berg-Kiefer die bekannten Legföhren oder Latschen. In Baumgestalt wird sie dagegen auch Haken-Kiefer oder Spirke genannt. Beide Wuchsformen sind durch Übergänge miteinander verbunden. Bei der Latsche sind die um 5 cm langen Zapfen meistens symmetrisch, bei der Spirke dagegen auffallend unsymmetrisch gestaltet. Aus den Nadeln gewinnt man ein aromatisches Öl.

Schwarz-Kiefer

Pinus nigra

Typisch: Nadelblätter 10 – 20 cm lang, dunkelgrün bis schwarzgrün, zu je zwei auf einem Kurztrieb, steif, leicht gedreht.
Kennzeichen: Immergrüner Baum mit geradem, dickem Stamm, bis etwa 40 m hoch.
Vorkommen: In den Gebirgen Südeuropas, bevorzugt auf trockenen Kalkböden. Häufig auch in Gärten oder Parkanlagen als Ziergehölz.

Wissenswertes: Die Schwarz-Kiefer ist eine sehr formenreiche Nadelbaumart, die in ihrem Verbreitungsgebiet zahlreiche Rassen bildet. Rinde und Holz enthalten sehr viel Harz. Durch Anschnitte kann man den Harzfluß steigern und je Baum und Jahr bis zu 5 kg Harz gewinnen. Durch Destillation erhält man daraus das duftende Terpentinöl (z. B. für Putzmittel).

Wald-Kiefer, Gemeine Föhre

Pinus sylvestris

Typisch: Nadelblätter 3 – 8 cm lang, zu je zwei auf einem Kurztrieb, steif, leicht gedreht, matt- bis blaugrün.
Kennzeichen: Immergrüner Baum mit schirmartiger Krone, bis 30 m hoch.
Vorkommen: Vor allem auf Sandböden sehr häufig, in Deutschland an der Westgrenze ihrer natürlichen Verbreitung. Häufig auch forstlich kultiviert.

Wissenswertes: Der Stamm der Wald-Kiefer trägt eine sehr schöne rötlich-graubraune Schuppenborke, die von dunklen Längsfurchen durchzogen wird. Ihr weiches, aber sehr tragfähiges Holz ist im Kern bräunlich, im Splint hellgelb. Am Licht dunkelt es nach. Kiefernholz ist ein geschätztes Bau- und Möbelholz. Die geschrotete Borke wird im Gartenbau verwandt.

Europäische Lärche

Larix decidua

Typisch: Nadelblätter weich, biegsam, grasgrün, 2 – 3 cm lang, zu 20 bis 40 büschelig an einem Kurztrieb.
Kennzeichen: Sommergrüner Baum mit geradem Stamm und regelmäßiger Krone, bis 40 m hoch.
Vorkommen: Natürliche Standorte nur in den Alpen und in den Sudeten/Karpaten. Durch Forstanbau und als Ziergehölz weit verbreitet.

Wissenswertes: Die Lärche ist der einzige einheimische Nadelbaum, der nur im Sommer Nadeln trägt und diese im Herbst nach prächtiger Verfärbung abwirft. Die Lärchenzapfen sitzen zahlreich auf den Ästen (überwiegend aufrecht) und bleiben mehrere Jahre am Baum. Die Ränder der Zapfenschuppen sind kaum umgebogen. Das Holz verwendet man für Möbel.

Japanische Lärche

Larix kaempferi

Typisch: Nadelblätter weich, spitz, bläulichgrün, zu 30 bis 40 auf jedem Kurztrieb.
Kennzeichen: Sommergrüner Nadelbaum mit geradem Stamm, bis 40 m hoch.
Vorkommen: Wildvorkommen nur in den Gebirgen Japans. In Mitteleuropa vor allem durch Forstkulturen weit verbreitet oder als Ziergehölz in Parkanlagen.
Wissenswertes: Die Europäische und die Japanische Lärche lassen sich kreuzen. In Mischbeständen können daher Hybridformen auftreten. Die Zapfen der Japanischen Lärche tragen Schuppen, deren Ränder deutlich nach außen umgebogen sind. Im Holz sind beide Arten gleichwertig. Im Innenausbau spielt es eine ebenso große Rolle wie als Konstruktionsholz im Außenbereich.

Küsten-Mammutbaum

Sequoia sempervirens

Typisch: Nadelblätter ungleich groß, flach, an Kurztrieben gescheitelt, an Langtrieben schraubig gestellt.
Kennzeichen: Immergrüner Baum mit geradem, im Alter sehr imposantem Stamm, erreicht über 100 m Höhe und gehört damit zu den größten Lebewesen der Erde.
Vorkommen: Wildvorkommen nur in einem schmalen küstenparallelen Gebiet im westlichen Nordamerika. Vielfach als Ziergehölz in Parks und Gärten.
Wissenswertes: Der Küsten-Mammutbaum entwickelt eine sehr mächtige, über 25 cm dicke, schwammige Borke, die nicht brennt und bei Waldbränden einen hervorragenden Schutz bietet. Die Bäume werden über 2000 Jahre alt. Ihr Holz ist auffallend bräunlichrot.

Urweltmammutbaum

Metasequoia glyptostroboides

Typisch: Nadelblätter sehr weich, flach, 3 mm breit und bis 3 cm lang, grasgrün, sitzen auf gegenständigen Kurztrieben.
Kennzeichen: Sommergrüner Baum mit regelmäßigem Kronenaufbau, bis 30 m hoch.
Vorkommen: Wildvorkommen nur in China, jetzt häufig in Gärten und Parks.
Wissenswertes: Bevor man diesen Baum 1941 in China entdeckte, war er nur von Fossilfunden aus der Tertiärzeit bekannt. Daher nannte man ihn auch Urweltmammutbaum. Ebenso wie der Ginkgo ist er ein lebendes Fossil. Seit 1947 werden Sämlinge auch in Deutschland gezogen. Die meisten als Ziergehölze angepflanzten Bäume wurden durch Stecklingsvermehrung erhalten.

Nordmanns-Tanne

Abies nordmanniana

Typisch: Nadelblätter sehr dicht, 2 – 3 cm lang, starr, aber nicht stechend, oberseits dunkelgrün, unten heller, duften beim Zerreiben fruchtig.
Kennzeichen: Immergrüner Baum mit waagerecht abstehenden Ästen, bis 50 m hoch.
Vorkommen: Wildvorkommen im Pontischen Gebirge sowie im westlichen Kaukasus. In Mitteleuropa durch Forstkultur sehr verbreitet (Weihnachtsbaum) oder in Parkanlagen.
Wissenswertes: Erst im letzten Jahrhundert entdeckte der finnische Botaniker A. Nordmann diesen Baum in Kleinasien. Die bis zu 20 cm langen Zapfen stehen wie bei allen Tannen aufrecht. Zwischen den breiten Samenschuppen schauen die Zipfel der Deckschuppen vor.

Weiß-Tanne

Abies alba

Typisch: Nadelblätter flach, 2 – 3 cm lang, oben dunkelgrün, unten mit zwei Silberstreifen, schraubig gestellt, durch Drehung zweizeilig.
Kennzeichen: Immergrüner Baum, anfangs mit kegelförmiger, im Alter eher rundlicher Krone, bis 50 m hoch.
Vorkommen: Vor allem in den Gebirgen Mittel- und Südeuropas auf nährstoffreichen, tiefgründigen Böden; seltener im Reinbestand, meist vergesellschaftet mit Fichten oder Buchen.
Wissenswertes: Durch Luftschadstoffe und die dadurch verursachten Veränderungen im Boden sind viele Tannen(bestände) in den letzten Jahrzehnten abgestorben. Das weißliche Holz verwendet man als Bauholz und zum Bau von Orgelpfeifen oder Instrumententeilen.

Gemeiner Wacholder

Juniperus communis

Typisch: Blätter nadelförmig, sehr spitz und stechend, mit grüngrauem Mittelband, immer in Dreierwirteln.
Kennzeichen: Immergrünes Gehölz von aufrecht-säuligem Wuchs, meist um 5 m hoch, ausnahmsweise auch bis 12 m.
Vorkommen: Sehr lichtbedürftiges Gehölz, daher nur auf Heiden, an Gebüsch- und Waldsäumen.

Wissenswertes: Der Gemeine Wacholder ist eines der wenigen einheimischen Gehölze, das völlig verbißfest ist und daher bei Beweidung durch Ziegen oder Schafe nicht geschädigt wird. Alte Schafhutungen bilden daher besonders prächtige Wacholderbestände aus. Musterbeispiel ist die Lüneburger Heide (rechts oben). Wacholderheiden finden sich aber auch auf ertragsarmen Böden der Mittelgebirgslandschaft, z. B. in der Eifel (unten) oder auf der Schwäbischen Alb (ganz unten). Die männlichen Blüten (rechts Mitte) sind unscheinbar. Die Beerenzapfen sind sehr aromatisch.

Atlas-Zeder

Cedrus atlantica

Typisch: Nadelblätter bis 3 cm lang, starr, spitz, zu 30 bis 40 büschelig auf Kurztrieben, bläulichgrün.
Kennzeichen: Immergrüner Baum mit unregelmäßigem Kronenaufbau, bis 40 m hoch.
Vorkommen: Wildvorkommen nur im nordafrikanischen Atlas-Gebirge. Häufig in Gärten und Parks.
Wissenswertes: Die Nadeln stehen wie bei den Lärchen in großer Anzahl auf kleinen Kurztrieben. Die Bezeichnung „immergrün" übertreibt etwas ihre Lebensdauer – tatsächlich bleiben sie nur vier bis sechs Jahre am Zweig, werden allerdings laufend durch neue Nadeln ersetzt, so daß der Blattwechsel nicht auffällt. Aus dem Holz gewinnt man für kosmetische Zwecke Zedernöl.

Abendländischer Lebensbaum

Thuja occidentalis

Typisch: Blätter schuppenförmig, in vier Längszeilen angeordnet, oberseits mattgrün, unterseits deutlich heller, aber nicht weißlich.
Kennzeichen: Immergrüner Baum mit schlanker, dichter Krone, 15 m hoch.
Vorkommen: Wildvorkommen im atlantischen Nordamerika. Häufig in Parks und auf Friedhöfen; formenreich.
Wissenswertes: Der Abendländische Lebensbaum wurde bereits im frühen 16. Jahrhundert aus Nordamerika nach Europa gebracht. Die Keimlinge bilden noch ganz normale Nadelblätter. Die Zweige duften beim Zerreiben aromatisch nach Apfelmus mit Gewürznelke. Die Zapfen bestehen nur aus acht bis zehn ungleich großen Schuppen. Alle Teile des Baumes sind giftig.

Riesen-Lebensbaum

Thuja plicata

Typisch: Blätter schuppenförmig, in vier Längszeilen angeordnet, Seitenblätter decken die Flächenblätter am Rande, duften beim Zerreiben fruchtig nach Ananas.
Kennzeichen: Immergrüner Baum mit kräftigem, geradem Stamm, 30 – 40 m hoch.
Vorkommen: Ursprünglich nur im westlichen Nordamerika von Alaska bis Kalifornien. Häufig in Parks oder Gärten als Ziergehölz angepflanzt.
Wissenswertes: Alle Lebensbäume entwickeln ihre Blüten an den Enden der vorjährigen Zweige. Die männlichen Blüten überwintern ohne Knospenhülle. Das Holz ist gelblichbraun, leicht und sehr beständig. Bereits die Indianer Nordamerikas verwendeten es beim Bootsbau. Heute fertigt man die Masten von Segelbooten daraus.

Riesen-Mammutbaum

Sequoiadendron giganteum

Typisch: Blätter pfriem- bis schuppenförmig, in drei Längszeilen oder spiralig angeordnet, bläulich-grün.
Kennzeichen: Immergrüner Baum mit dichter, kegelförmiger Krone, wird über 80 m hoch.
Vorkommen: Ursprünglich nur in einem kleinen Gebiet in Kalifornien (Sierra Nevada). Vielfach als Parkbaum gepflanzt.
Wissenswertes: Riesen-Mammutbäume, wegen ihres Vorkommens im Gebirge auch Berg-Mammutbäume genannt, werden nicht nur ungewöhnlich groß, sondern auch sehr alt: Die ältesten Exemplare sind mehr als 3000 Jahre alt. Seit etwa 1860 wird diese Baumart auch in Deutschland als botanische Kuriosität gepflanzt; auch forstliche Erprobung.

Lawsons Scheinzypresse

Chamaecyparis lawsoniana

Typisch: Blätter schuppenförmig, stumpf oder kurzspitzig, oberseits dunkelgrün, unterseits graugrün, mit weißen Nähten, duften beim Zerreiben aromatisch-harzig nach Petersilie.
Kennzeichen: Immergrüner Baum mit schmaler Krone und geradem Stamm, bis über 50 m hoch.
Vorkommen: Wildvorkommen nur im pazifischen Nordamerika (Oregon, Kalifornien). Heute in vielen Varietäten in Parks und auf Friedhöfen angepflanzt.
Wissenswertes: Besonders zur Blütezeit (April) fallen die zahlreichen karminroten männlichen Blüten an den Zweigenden auf. Die weiblichen Blütenstände sind dagegen unscheinbar. Aus ihnen entwickeln sich kleine Kugelzapfen.

Nootka-Scheinzypresse

Chamaecyparis nootkatensis

Typisch: Schuppenblätter stachelspitzig, bläulichgrün, riechen beim Zerreiben unangenehm nach Bohnerwachs.
Kennzeichen: Immergrüner Baum mit regelmäßiger Krone, wird etwa 30 m hoch.
Vorkommen: Westliches Nordamerika, von Alaska bis Oregon, in vielen Parkanlagen oder auf Friedhöfen als Ziergehölz gepflanzt.
Wissenswertes: Die Nootka-Scheinzypresse erhielt ihren Namen von den Nootka-Inseln, auf denen sie der Botaniker A. Douglas 1793 entdeckte. Die Bäume können über 1000 Jahre alt werden. Die kugeligen Zapfen sind ungefähr 1 cm groß und bestehen nur aus vier graubraunen, während der Reifezeit schieferblauen Zapfenschuppen. Das gelbliche Holz eignet sich für Tischlerarbeiten.

Register

Abies alba 85
– *nordmanniana* 84
Acer campestre 8
– *negundo* 60
– *palmatum* 11
– *platanoides* 10
– *pseudoplatanus* 6
– *saccharinum* 9
Aesculus hippocastanum 67
Ahorn, Berg- 6
– Eschen- 60
– Fächer- 11
– Feld- 8
– Silber- 9
– Spitz- 10
Ailanthus altissima 63
Alnus glutinosa 27
– *incana* 26
Apfel, Kultur- 12
Apfelbaum 12
Arve 76

Betula pendula 15
– *pubescens* 14
Birke, Hänge- 15
– Moor- 14
– Weiß- 15
Birnbaum 13
Birne, Kultur- 13
Buche, Rot- 16
Buchsbaum 18
Buxus sempervirens 18

Carpinus betulus 30
Castanea sativa 19
Cedrus atlantica 88
Celtis australis 59
Chamaecyparis lawsoniana 92
– *nootkatensis* 93
Cornus mas 32
Crataegus laevigata 57
– *monogyna* 56

Douglasie 70

Eberesche 68
Edelkastanie 19
Eibe, Gemeine 71
Eiche, Flaum- 20
– Rot- 21
– Stiel- 22
– Trauben- 24
Elsbeere 25
Erle, Grau- 26
– Schwarz- 27
Esche, Blumen- 61
– Gemeine 62
– Manna- 61
Espe 45
Euonymus europaea 46

Fagus sylvatica 16
Faulbaum 28
Fichte, Gemeine 72
– Serbische 73
– Stech- 74
Föhre, Gemeine 79
Frangula alnus 28
Fraxinus excelsior 62
– *ornus* 61

Ginkgo biloba 29
Ginkgobaum 29
Götterbaum 63

Hainbuche 30
Hartriegel, Gelber 32
Hemlock(tanne), Kanadische 75
Holunder, Schwarzer 64
Hopfenbuche, Gemeine 33
Hülse 48

Ilex aquifolium 48

Juglans regia 69
Juniperus communis 86

Kastanie, Eß- 19
Kiefer, Berg- 77
– Schwarz- 78
– Wald- 79
– Zirbel- 76
Kirsche, Trauben- 34
– Vogel- 35
Kornelkirsche 32

Lärche, Europäische 80
– Japanische 81
Larix decidua 80
– *kaempferi* 81
Lebensbaum, Abendländ. 89
– Riesen- 90
Linde, Silber- 38
– Sommer- 36
– Winter- 39

Malus domestica 12
Mammutbaum, Riesen- 91
– Küsten- 82
Mehlbeere 40
Mehlbeere, Schwedische 41
Metasequoia glyptostroboides 83

Ostrya carpinifolia 33

Padus avium 34
Pappel, Schwarz- 42
– Silber- 44
– Zitter- 45
Pfaffenhütchen 46
Picea abies 72
– *omorika* 73
– *pungens* 74
Pinus cembra 76
– *mugo* 77
– *nigra* 78
– *sylvestris* 79
Platane, Ahornblättrige 47
Platanus x hybrida 47
Populus alba 44

– *nigra* 42
– *tremula* 45
Prunus avium 35
– *domestica* 58
– *padus* 34
Pseudotsuga menziesii 70
Pyrus communis 13

***Q**uercus petraea* 24
– *pubescens* 20
– *robur* 22
– *rubra* 21

***R**obinia pseudoacacia* 66
Robinie 66
Roßkastanie, Gemeine 67
Rüster, Flatter- 52
– Rot- 50
– Weiß- 49

***S**alix caprea* 54
– *fragilis* 53
Sambucus nigra 64
Scheinakazie 66
Scheinzypresse, Lawsons 92
– Nootka- 93
Sequoia sempervirens 82
Sequoiadendron giganteum 91
Sorbus aria 40
– *aucuparia* 68
– *intermedia* 41
– *torminalis* 25
Spindelbaum 46
Stechpalme 48

Tanne, Nordmanns- 84
– Weiß- 85
Taxus baccata 71
Thuja occidentalis 89
– *plicata* 90
Tilia argentea 38
– *cordata* 39
– *platyphyllos* 36
Tsuga canadensis 75

Ulme, Berg- 49
– Feld- 50
– Flatter- 52
Ulmus glabra 49
– *laevis* 52
– *minor* 50
Urweltmammutbaum 83

Vogelbeere 68

Wacholder, Gemeiner 86
Walnußbaum 69
Weide, Palm- 54
– Sal- 54
– Silber- 53
Weißbuche 30
Weißdorn, Eingriffeliger 56
– Zweigriffeliger 57

Zeder, Atlas- 88
Zirbe 76
Zürgelbaum 59
Zwetschgenbaum 58

Mit 106 Farbfotos von
Aichele 3 (31, 34, 91)
Bärtels 5 (9, 75, 81, 89, 90)
Büttner 1 (76)
König 3 (7, 28, 59)
Kremer 14 (14, 16, 22, 24, 31, 36, 43, 47, 56, 61, 62, 64, 83, 87)
Laux 11 (15, 23, 65, 70, 72, 74, 77, 78, 82, 85, 93)
Pforr 19 (6, 10, 12, 17, 23, 27, 32, 37, 38, 39, 44, 45, 48, 50, 53, 54, 60, 66)
Reinhard 14 (2/3, 7, 30, 31, 33, 35, 41, 43, 58, 71, 79, 86, 92)
Schrempp 5 (8, 25, 40, 51, 51)
Wothe 9 (13, 18, 19, 26, 29, 63, 67, 68, 88)
Willner 4 (17, 17, 42, 52)
Synatzschke 5 (20, 49, 69, 87, 87)
Cramm 4 (21, 43, 46, 57)
Limbrunner 3 (23, 55, 87)
Layer 2 (55, 80)
Marktanner 1 (65)
Riedmiller 3 (11, 73, 84)
67 Farbzeichnungen
von Brigitte Zwickel-Noelle

Umschlag von Friedhelm Steinen-Broo, eStudio Calamar, Pau (Spanien), unter Verwendung von drei Farbfotos.
Umschlagvorderseite: Bergahorn, *Acer pseudoplatanus* (O. Giel)
Umschlagrückseite: Früchte des Gewöhnlichen Schneeballs, *Viburnum opulus* (T. Marktanner), Früchte der Trauben-Eiche, *Quercus petraea* (H.E. Laux)

Die Deutsche Bibliothek – CIP-Einheitsaufnahme
Ein Titelsatz für diese Publikation ist bei der Deutschen Bibliothek erhältlich

Gedruckt auf chlorfrei gebleichtem Papier

2. Auflage

ISBN 3-440-09169-4
Redaktion: Andrea Lutz, Iris Kick
Gestaltungskonzept: Atelier Reichert
Satz: Kittelberger, Reutlingen
Reproduktion: Repro GmbH, Fellbach
Produktion: Lilo Pabel
Druck und Bindung: Printer Trento s.r.l., Trento
Printed in Italy / Imprimé en Italie

Grundgestalt eines Blattes

einfach
(Apfelbaum)

zusammengesetzt
(Walnußbaum)

nadelförmig
(Kiefer)

schuppenförmig
(Lebensbaum)

Besonderheiten der Blattspitze

spitz
(Kirschbaum)

stumpf
(Buchsbaum)

eingebuchtet
(Schwarz-Erle)

eingeschnitten
(Weißdorn)

Besonderheiten des Blattgrundes

keilförmig
(Silber-Weide)

abgerundet
(Birnbaum)

asymmetrisch
(Berg-Ulme)

geöhrt
(Stiel-Eiche)

Trockene Früchte
Nußfrüchte

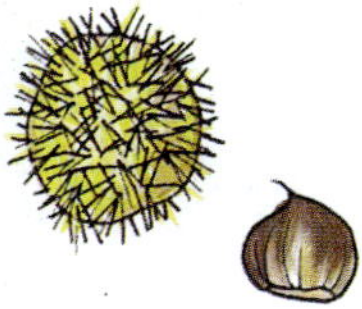

Eß-Kastanie

Roßkastanie

Rot-Buche

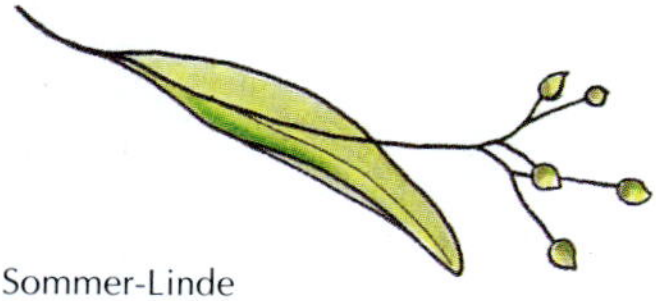

Sommer-Linde

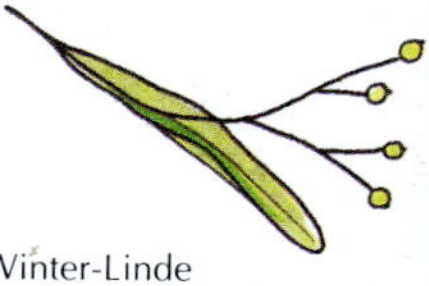

Winter-Linde

Flügelnüsse

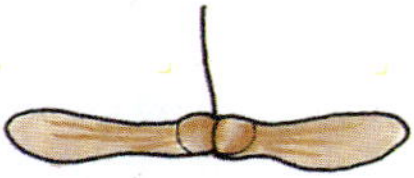

Feld-Ahorn

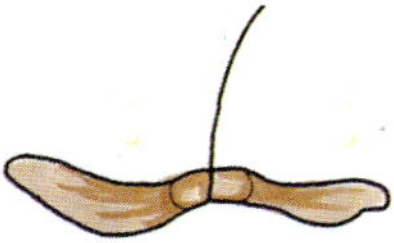

Spitz-Ahorn

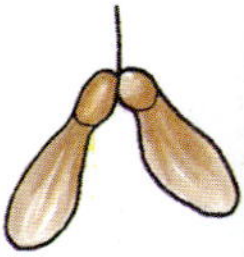

Berg-Ahorn

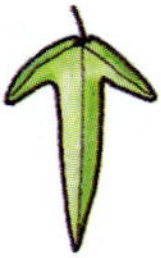

Hainbuche

Esche

Götterbaum

Berg-Ulme

Feld-Ulme

Flatter-Ulme

Fruchttyp: Nußfrucht
Eichel

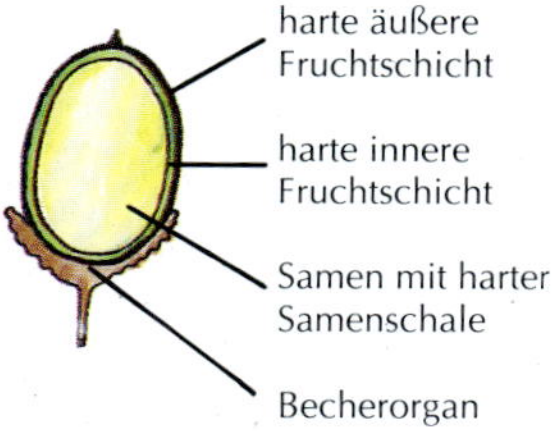